P Manuneethi Arasu

Fundamentos de robótica para principiantes - Volume I

P Manuneethi Arasu

Fundamentos de robótica para principiantes - Volume I

Compreender os componentes mecânicos e electrónicos básicos dos robôs

ScienciaScripts

Imprint
Any brand names and product names mentioned in this book are subject to trademark, brand or patent protection and are trademarks or registered trademarks of their respective holders. The use of brand names, product names, common names, trade names, product descriptions etc. even without a particular marking in this work is in no way to be construed to mean that such names may be regarded as unrestricted in respect of trademark and brand protection legislation and could thus be used by anyone.

Cover image: www.ingimage.com

This book is a translation from the original published under ISBN 978-620-7-46453-1.

Publisher:
Sciencia Scripts
is a trademark of
Dodo Books Indian Ocean Ltd. and OmniScriptum S.R.L publishing group

120 High Road, East Finchley, London, N2 9ED, United Kingdom
Str. Armeneasca 28/1, office 1, Chisinau MD-2012, Republic of Moldova, Europe
Printed at: see last page
ISBN: 978-620-7-75764-0

Conteúdo

CAPÍTULO I

INTRODUÇÃO

1. Introdução

A robótica é um domínio multidisciplinar que envolve a conceção, a construção, o funcionamento e a utilização de robôs e de software de IA. Os robôs são máquinas autónomas ou semi-autónomas que podem executar tarefas no mundo físico, muitas vezes com algum nível de programação ou controlo. O campo da robótica integra conhecimentos de vários domínios, incluindo a engenharia mecânica, a engenharia eléctrica, a informática e a inteligência artificial. A aprendizagem e a compreensão da robótica começam com a compreensão dos estudos multidisciplinares, como os sistemas mecânicos, electrónicos e informáticos. À medida que a tecnologia avança, a robótica continua a evoluir, contribuindo para várias indústrias e para a vida quotidiana. Este domínio desempenha um papel crucial na resolução de desafios complexos e no avanço da automatização em diversas aplicações

CAPÍTULO II

INTRODUÇÃO À HISTÓRIA DA ROBÓTICA

2.1 Introdução à história da robótica

A história dos robôs é um facto interessante que transforma a fantasia da fricção científica numa máquina real. A visão final é criar uma máquina que imite o comportamento humano, ou seja, humanóides que executem várias artes complexas feitas pelo homem. A história da robótica também teve temas controversos, como o desemprego humano, etc. Mas, por outro lado, a necessidade e a procura de robôs no domínio da indústria da automação aumentam de dia para dia em muitos países, para a realização de várias tarefas. O desenvolvimento de componentes electrónicos em países como o Japão, a China, etc., leva à utilização de robôs para a conceção de alto nível, movimentação de equipamento, peças, etc,

Este desenvolvimento da robótica estende-se por vários séculos, tendo atravessado vários marcos e avanços. O conceito de automatismo antigo refere-se a uma máquina ou a um mecanismo de conceção autónomo, que deriva da palavra grega antiga "automatismo", que significa "ação por vontade própria". O conceito de automatismo foi seguido não só pelos gregos antigos, mas também pela China e pelo Egipto, que desenvolveram dispositivos mecânicos, como relógios de água e animais mecânicos, que mostram as primeiras formas de automatismo, como mostra a figura 1 "O pato de Vaucanson".

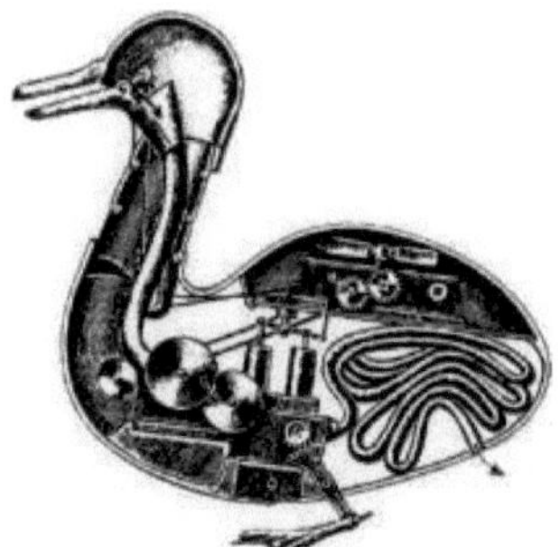

Figura 1: O pato de vaucanson

Durante a Idade Média, o mundo islâmico concebeu autómatos complexos, incluindo figuras humanóides capazes de servir bebidas e tocar instrumentos musicais, desenhadas pelo inventor Al-

Jazari. O advento da revolução industrial nos séculos XIX e XX marcou um salto significativo na automatização. Foram desenvolvidas máquinas para tarefas como a produção têxtil. No entanto, estas não são consideradas como robots modernos.

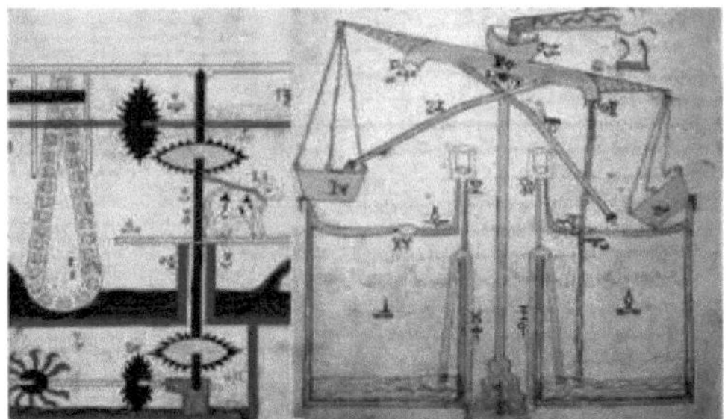

Figura 2: Artes de automação Al-Jazari

O termo "robot" foi introduzido pelo escritor checo Karel Capek na sua peça de 1920. A peça explora a criação de criaturas artificiais para servir os humanos. O desenvolvimento de computadores electrónicos durante a Segunda Guerra Mundial contribuiu para os avanços nos sistemas de controlo. Em 1954, George Devol e Joseph

Engelberger desenvolveu o primeiro robot programável, que foi utilizado em ambientes industriais.

Os primeiros robôs industriais foram introduzidos na década de 1970 para tarefas como o trabalho em linhas de montagem na indústria transformadora. Estes robôs são de grandes dimensões e são normalmente utilizados para tarefas repetitivas e perigosas. A tecnologia robótica continuou a evoluir na década de 1990 com a utilização de microprocessadores e a introdução de sensores mais sofisticados e de sistemas de controlo melhorados. Depois disso, os robôs tornaram-se mais versáteis e começaram a ser utilizados em vários sectores.

Em 2000, os robôs tornaram-se parte integrante de vários domínios, como os cuidados de saúde, a exploração espacial, a defesa e o entretenimento. O desenvolvimento da inteligência artificial (IA) permitiu que os robôs realizassem tarefas mais complexas e interagissem com os seres humanos de forma mais natural. Nos últimos anos, registaram-se avanços nos robôs humanóides, nos robôs colaborativos (cobots) concebidos para trabalhar ao lado dos seres humanos e na integração da IA e da aprendizagem automática na robótica e na automação para melhorar as capacidades de tomada de decisões.

Sabendo tudo isto, não queremos preocupar-nos com o lado negativo da controvérsia, porque todos os robôs são construídos com base em princípios éticos e enquadramentos legais estabelecidos pelas "Três Leis da Robótica" do escritor de ficção científica Isaac Asimov.

Lei 1: Um robô não pode ferir um ser humano ou, por inação, permitir que um ser humano seja ferido.

Lei 2: Um robô deve obedecer às ordens que lhe são dadas por seres humanos, exceto se essas ordens entrarem em conflito com a Primeira Lei.

Lei 3: Um robô deve proteger a sua própria existência, desde que essa proteção não entre em conflito com a Primeira ou a Segunda Lei.

CAPÍTULO III

CINEMÁTICA ROBÓTICA

3. Cinemática da robótica

A cinemática é um ramo da mecânica clássica que lida com o movimento de objectos sem considerar as forças que causam o movimento. Na robótica, isto envolve o estudo de padrões espaciais e temporais de movimento, descrevendo a forma como os objectos se movem sem examinar as causas subjacentes, tais como forças ou massas. O principal objetivo da cinemática robótica é classificar e analisar o movimento dos objectos, concentrando-se em quantidades como a posição, a velocidade e a aceleração. Este capítulo trata de ligações e articulações, combinação de cadeias em série e força com grau de liberdade.

3.1 Ligações e articulações

Num sistema mecânico ou num robô, uma ligação é um corpo rígido que liga duas ou mais articulações. Pode ser uma estrutura simples ou um componente mais complexo e contribui para a estrutura global do sistema. As ligações determinam a forma e o tamanho global do sistema, como mostra a figura 3. Os pontos são as ligações entre os elos de um sistema mecânico ou de um robot. Permitem o movimento relativo entre os elos ligados. As articulações são de vários tipos, cada uma permitindo um movimento específico. Os tipos de movimentos cinéticos são apresentados no quadro 1.

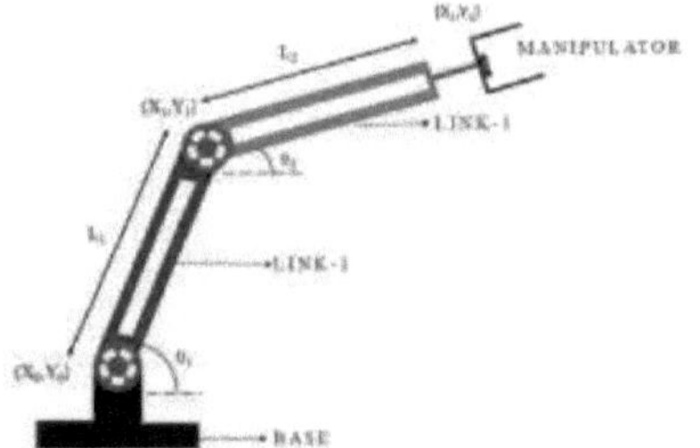

Figura 3: Ligações e junções do robô de braço

Quadro 1: Tipos de movimento

N.º de Sl.	Movimento cinético	Descrição	Figura

1	Junta Revoluta (Junta de charneira)	Permite o movimento linear ao longo de um único eixo	
2	Junta esférica (junta esférica)	Permite a rotação em torno de três eixos perpendiculares.	
3	Junta cilíndrica:	Permite o movimento linear ao longo de um eixo e a rotação em torno desse eixo.	
4	Junta plana	Permite o movimento num plano, normalmente rodando em torno de um eixo fixo normal ao plano.	
5	Fixo ou rígido Articulação:	Impede qualquer movimento relativo entre os elos ligados.	

3.2 Grau de liberdade

O grau de liberdade (DOF) no contexto dos sistemas mecânicos ou da robótica refere-se ao número de parâmetros ou movimentos independentes que definem a configuração de um sistema. Representa o número de formas como um corpo rígido ou um mecanismo se pode mover no espaço tridimensional. Cada grau de liberdade corresponde a um tipo específico de movimento ao longo de um determinado eixo ou direção. No contexto dos sistemas robóticos, o grau de liberdade está associado às articulações. Diferentes tipos de articulações proporcionam diferentes graus de liberdade. O DOF básico de um braço robótico é o apresentado na figura 4.

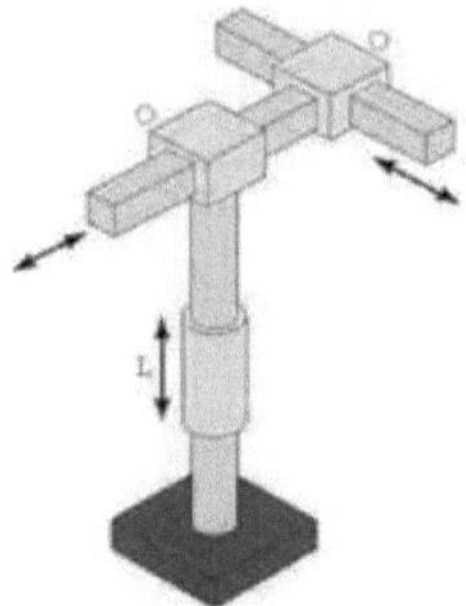

Figura 4: Grau de liberdade do braço robótico básico

3.3 Cadeia

Uma cadeia refere-se a uma série de elos ou elementos ligados entre si, e o grau de liberdade da cadeia representa o número de formas em que a cadeia se pode mover ou ser posicionada. Ajuda a determinar a mobilidade do sistema e o número de parâmetros de controlo necessários para descrever o seu movimento com precisão. Num sistema mecânico mais complexo, como um braço de robot com várias articulações, cada articulação acrescenta um grau de liberdade ao sistema. O grau de liberdade total do braço do robot é a soma dos graus de liberdade de cada articulação.

3.3.1 Cadeia aberta

Uma cadeia aberta refere-se a um sistema de corpos rígidos interligados (elos) que estão ligados em série, e o último elo não está ligado a nenhuma estrutura fixa. Para uma cadeia aberta geral com n elos, a fórmula para calcular o grau de liberdade é a equação 1.

$$DOF = 6n - m \qquad (1)$$

n é o número de elos da cadeia.

m é o número de restrições impostas ao sistema.

O termo 6n representa os seis graus de liberdade associados a cada elo no espaço 3D (três translacionais e três rotacionais), e m representa quaisquer restrições que limitem o movimento da cadeia.

3.3.2 Cadeia fechada

O grau de liberdade DOF de uma cadeia fechada é o número de parâmetros independentes necessários para especificar a sua configuração ou movimento. Numa cadeia fechada, o cálculo do DOF é influenciado tanto pela mobilidade dos elos individuais como pelas restrições impostas pela estrutura de circuito fechado, sendo calculado pela equação 2.

$$DOF=6n-m-3j \qquad (2)$$

n é o número total de elos da cadeia.

m é o número de restrições impostas ao sistema.

j é o número de juntas.

CAPÍTULO IV

COMPONENTES ELECTRÓNICOS ROBÓTICOS

4. Componentes electrónicos robóticos

Os componentes electrónicos robóticos formam os blocos de construção essenciais dos robôs, fornecendo o hardware necessário para o seu funcionamento. Estes componentes trabalham em conjunto para permitir que o robô detecte o seu ambiente, processe informações e actue sobre elas através do movimento ou da manipulação. A combinação destes elementos varia consoante a conceção específica e a aplicação pretendida do robô. Neste capítulo, aborda-se a eletrónica básica para principiantes. É necessário compreender a eletrónica, apesar de os circuitos poderem ser retirados da Internet, mas sem o básico não podemos resolver questões como a resolução de problemas em tempo real. Os principais componentes básicos que precisamos de conhecer são os seguintes.

4.8 Prancheta

Para criar uma prototipagem simples e testar os circuitos, utiliza-se a placa de circuito impresso. Para o estudo temporário da eletrónica de base, utiliza-se a placa de ensaio sem soldar. Os orifícios da placa de ensaio são ligados de acordo com uma disposição normalizada, através de cabos de circuito adequados para criar uma placa de circuito impresso.

4.1.1 Principais características e aspectos das placas de ensaio

As placas de circuito impresso têm uma grelha de orifícios dispostos em filas e colunas, como se mostra na figura 5. Cada fila de orifícios está ligada eletricamente, normalmente em grupos de cinco orifícios. As placas com orifícios grandes são boas para inserir transístores de potência e utilizar fios de ligação em ponte.

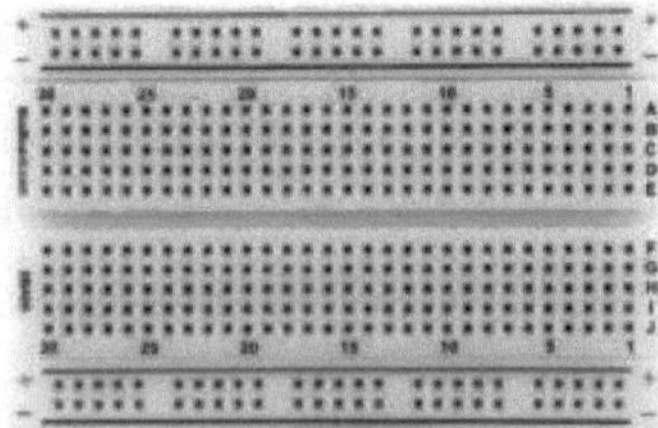

Figura 5: Placa de ensaio

A placa de ensaio tem frequentemente duas longas filas paralelas nos lados, conhecidas como carris de alimentação. Uma calha é normalmente designada para a ligação à tensão positiva (Vcc) e a outra para a ligação à terra (GND). Estas calhas de alimentação facilitam a distribuição de energia aos componentes da placa. Se o protótipo estiver pronto, o desenho da placa de circuito impresso tem de ser efectuado ou podemos utilizar ferramentas em linha para obter o desenho normalizado, sendo utilizado software específico para desenhar os circuitos. O material não condutor FR-4 (Fire Retardant 4) é utilizado para fabricar placas de circuito impresso que são laminadas por folhas de cobre. A máscara de solda de cor verde é utilizada para os circuitos.

4.1.2 Métodos de fabrico de placas de circuito impresso.

1. Papel fenólico método mais utilizado com baixo custo
2. Papel epóxi (flexível utilizado na maioria das máquinas de lavar roupa resistentes à água)
3. O vidro epóxi é utilizado para aplicações de alta durabilidade e alta qualidade em máquinas de alto custo

4.2 Multímetro

Um instrumento de medição eletrónico único que combina várias funções de medição, tais como teste contínuo, teste de díodos, tensão, corrente, resistência, transístor, capacitância, frequência do sinal CA, etc... Durante o teste entre dois fios, um fio tem de ser ligado à tensão máxima do adaptador, tal como indicado na Figura 6. Basicamente, o ecrã final mostra 1 se não estiver a ser testada a tensão, a corrente e a resistência, que são as mais importantes na medição robótica.

Figura 6:. Multímetro

Os multímetros podem medir tensões de corrente contínua (DC) e de corrente alternada (AC). São utilizados para medir a diferença de potencial entre dois pontos num circuito. Estas medições são designadas por medições de tensão. Ao aplicar uma pequena tensão ao componente e medir a corrente resultante, a resistência do circuito é medida em ohms.

4.3 Adaptador de alimentação

A energia eléctrica de uma forma para outra, a conversão de tensão, ou seja, a corrente CC, é utilizada em circuitos eléctricos, ou seja, a conversão de 230V para CC é feita por um adaptador AC SMPS polivalente, como na Figura 7, ou a partir de uma bateria CC. O adaptador de 12V e 500mA é muito utilizado e pode variar 3-12V com a dedução de sobrecarga do LED por luz fraca. A bateria de 9V é suficiente para fazer funcionar os robots na fase final.

Figura 7: Adaptador de alimentação eléctrica

4.4 SMPS (Fonte de alimentação de modo comutado)

As SMPS controlam eficazmente o fluxo de energia eléctrica de um nível de tensão para outro. maior eficiência, menor dimensão e menor peso em comparação com as fontes de alimentação lineares tradicionais As operações básicas são a retificação (retificador AC para DC), a filtragem, a comutação a alta frequência, o aumento ou a redução da tensão, funcionando como transformador, retificação, +5V, -5V, +12V, -12V são SMPS amplamente utilizados. Com base na nossa aplicação, podem ser utilizadas diferentes potências nominais de SMPS, como mostra a Figura 8. Dos quatro fios, um vai para o botão de alimentação e os restantes para os periféricos do computador, se a ventoinha estiver a funcionar, o SMPS começa a funcionar.

A função SMPS baseia-se na ponte rectificadora com filtro de condensador e regulador de tensão. A polaridade invertida do condensador pode queimar, pois a polaridade invertida do circuito de díodos não funcionará. Verificar sempre se o - 12V deve ser ligado à terra. Quando a resolução de problemas do circuito é efectuada, a verificação inicial é a polaridade da fonte de alimentação, a luz do adaptador e o circuito de alimentação com o 7805.

Figura 8:SMPS

4.5 Conectores

Os conectores são dispositivos ou componentes utilizados para estabelecer uma ligação entre diferentes elementos ou sistemas. As ligações eléctricas gerais são USB (Universal Serial Bus), HDMI (High- Definition Multimedia Interface), conectores de alimentação. Os conectores de rede são os conectores Ethernet (RJ45), ou seja, as redes locais LAN e os conectores de fibra ótica. Os conectores de áudio/vídeo incluem conectores Jack de 3,5 mm e RCA. As ligações dos conectores de hardware do computador são SATA (Serial ATA) e PCIe (Peripheral Component Interconnect Express). Os conectores de dados são normalmente SATA, USB e Thunderbolt. Nos robots de automóveis, o conetor OBD-II e os conectores para luzes e sensores são apresentados no quadro 2.

Outras ligações amplamente utilizadas são as ligações eléctricas, os conectores eléctricos e os conectores de alimentação, os blocos de terminais, os postes, os conectores de encaixe, os conectores de deslocamento do isolamento, os conectores de ficha e de tomada, os conectores de componentes e de dispositivos, os conectores de lâmina e os terminais de anel e de pá, os conectores de radiofrequência e os conectores de corrente contínua.

Tabela 2: Ligações eléctricas Tomadas

Sl.NO	Conectores	Figura
1	Conector D-Sub	

2	Conector em T	
3	ficha DC	
4	Cabo RF	
5	USB	
6	HDMI	
7	Conectores Ethernet	
8	Conectores RCA	
9	SATA e PCIe	
10	OBD-II	

4.6 Reguladores de tensão

Os reguladores de tensão são dispositivos ou circuitos electrónicos concebidos para manter uma tensão

de saída constante, independentemente das alterações da tensão de entrada, da corrente de carga ou da temperatura. Desempenham um papel fundamental no fornecimento de uma fonte de alimentação estável e regulada em sistemas electrónicos. O regulador de tensão e o seu circuito são apresentados na Figura 9. Os reguladores de tensão são amplamente utilizados em várias aplicações, incluindo fontes de alimentação para dispositivos electrónicos, sistemas de comunicação, eletrónica automóvel e muito mais.

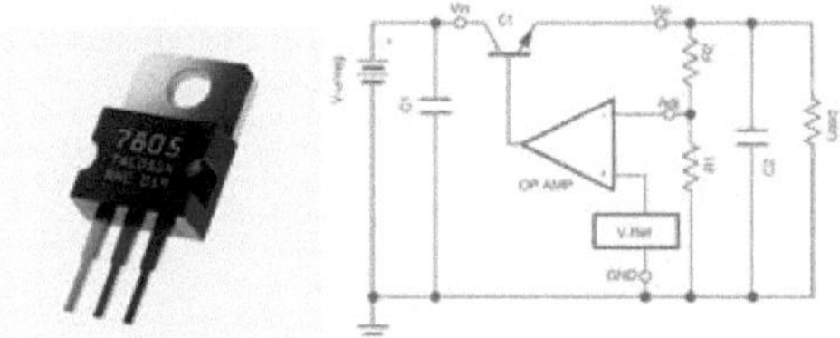

Figura 9: Reguladores de tensão e seu circuito

4.6.1 Classificação dos reguladores

Tipo 1

1. Reguladores de tensão fixos (78xx, 79xx)
2. Reguladores de tensão variável (LM317) Em reguladores de tensão fixa

Tipo 2

1. Reguladores de tensão lineares
2. Reguladores de tensão de comutação

Tipo 3

3. Reguladores de tensão positiva
4. Reguladores de tensão negativa

Os tipos de reguladores e as funções são apresentados em pontos.

- Os reguladores de tensão lineares funcionam utilizando uma referência de tensão, um transístor de passagem em série e um circuito de retorno para manter uma tensão de saída constante. O transístor de passagem em série ajusta a sua resistência para controlar a tensão de saída e dissipa o excesso de potência sob a forma de calor.
- Reguladores de tensão fixa a tensão de saída, como 5V ou 12V.

- Reguladores de tensão ajustáveis que permitem ao utilizador definir a tensão de saída desejada dentro de um intervalo especificado.
- Reguladores Low Drop-Out (LDO) que mantêm a regulação com uma diferença de tensão muito pequena entre a entrada e a saída.
- Os reguladores de tensão de comutação, apresentados na Figura 10, funcionam ligando e desligando rapidamente a tensão de entrada a altas frequências. Utilizam indutores e condensadores para armazenar e transferir energia, o que resulta numa maior eficiência em comparação com os reguladores lineares.

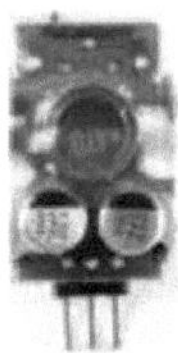

Figure 10: Reguladores de tensão de comutação

Os tipos comuns de reguladores de comutação incluem:

- Reguladores Buck (Step-Down) que reduzem a tensão de entrada para uma tensão de saída mais baixa.
- Os reguladores Boost (Step-Up) aumentam a tensão de entrada para uma tensão de saída mais elevada.
- Os reguladores Buck-Boost podem aumentar ou diminuir a tensão, dependendo dos requisitos da carga.
- Reguladores Flyback normalmente utilizados em fontes de alimentação isoladas.

4.6.2 Principais características para a seleção de reguladores de tensão

- Tensão de saída Quer sejam fixos ou ajustáveis, os reguladores fornecem uma tensão de saída especificada.
- Regulação da carga capacidade do regulador para manter uma tensão de saída estável em condições de carga variáveis.
- O regulador de regulação de linha mantém uma tensão de saída constante com alterações na tensão de entrada.

- Reguladores lineares de tensão de descarga, a diferença mínima de tensão entre a entrada e a saída para uma regulação correcta.
- Eficiência A relação entre a potência de saída e a potência de entrada, particularmente importante em aplicações de alta potência.

4.7 Interruptores

Os interruptores são componentes essenciais nos circuitos eléctricos, permitindo o controlo do fluxo de corrente e a ativação ou desativação de vários dispositivos eléctricos. Nos robôs, os interruptores funcionam como sensores, ou seja, sensores de toque, sensores de luz, relés, controlos remotos, etc. Os interruptores eléctricos são dispositivos utilizados para controlar ou travar o fluxo de corrente eléctrica num circuito. São componentes integrais dos sistemas eléctricos, permitindo aos utilizadores ligar e desligar dispositivos ou luzes em comandos remotos de robótica. Eis alguns tipos comuns de interruptores eléctricos, como mostra a Tabela 3.

Quadro 3: Interruptores e respectivas funções

N.º de identificação		**Funções**	**Figura**
1	SPST Balancim Interruptor	Semelhante a um interrutor de alternância, um interrutor basculante tem uma alavanca plana e larga que oscila para a frente e para trás para ligar ou desligar o interrutor.	
2	SPDT Balancim Interruptor	O interrutor tem apenas um conjunto de contactos ou ligações e duas posições possíveis para o atuador ou alavanca do circuito	
3	DPST	Tem dois conjuntos de contactos (pólos) e pode ligar ou desligar dois circuitos eléctricos separados com um único acionamento do seu atuador.	
4	DPDT	Tem dois conjuntos de contactos (pólos) e pode ligar ou desligar dois circuitos eléctricos separados com dois accionamentos diferentes do seu atuador.	

5	DPCO	Combina elementos das configurações de duplo pólo (DP) e de comutação (CO). Tem dois conjuntos de contactos (duplo pólo) e pode ligar ou desligar dois circuitos separados com dois accionamentos diferentes (comutação)	
6	Micro interrutor de fim de curso	Frequentemente utilizados em aplicações industriais, os interruptores de fim de curso são utilizados para detetar a presença ou ausência de um objeto, normalmente para controlar máquinas.	
7	Interruptor basculante	Interruptor simples de ligar/desligar que é acionado manualmente através de uma alavanca ou de um botão basculante.	
8	Empurrar Botão Interruptor	Activados por pressão de um botão, estes interruptores são frequentemente utilizados para acções momentâneas.	
9	Regulador de fluxo luminoso Interruptor	Especificamente concebidos para controlar o brilho das luzes, os interruptores com regulação da intensidade da luz permitem aos utilizadores ajustar a intensidade da luz rodando um botão ou fazendo deslizar uma alavanca.	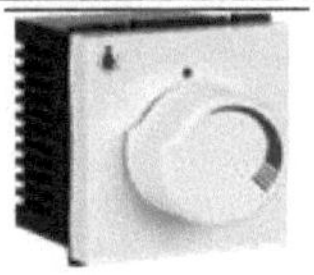
10	Deslizar Interruptor	Estes interruptores têm uma pequena alavanca que desliza para trás e para a frente para abrir ou fechar o circuito.	
11	Rotativo Interruptor	Um interrutor rotativo tem um seletor ou botão rotativo que pode ser rodado para diferentes posições, ligando diferentes circuitos	

12	Pressão Interruptor	Este tipo de interrutor é ativado por alterações na pressão. Por exemplo, pode ser utilizado em bombas de água para ligar a bomba quando a pressão desce abaixo de um determinado nível.	
13	Flutuador Interruptor	Comummente encontrado em bombas de depósito e outros sistemas de controlo do nível de líquidos, um interrutor de boia é ativado pela subida ou descida de uma boia no líquido.	
14	Chave Interruptor	Activados através de uma chave, estes interruptores proporcionam um nível de segurança e são frequentemente utilizados em aplicações em que é necessário restringir o acesso não autorizado.	

4,7 Resistência

Uma resistência é um componente elétrico passivo de dois terminais que limita ou regula a corrente eléctrica que flui num circuito, produzindo uma queda de tensão. É um elemento comum nos circuitos electrónicos e é utilizado para vários fins. A principal função de uma resistência é resistir ao fluxo de corrente eléctrica, que é medida em ohms (Q). O valor da resistência de uma resistência é determinado pelo seu código de cores, como se mostra na Figura 11, e pela classificação das resistências fixas ou pela posição do raspador, no caso das resistências variáveis, em que a resistência de alta tensão é de 600 watts. As resistências fixas e variáveis são muito utilizadas.

Color	Color	1st Band	2nd Band	3rd Band Multiplier	4th Band Tolerance
Black		0	0	x1Ω	
Brown		1	1	x10Ω	±1%
Red		2	2	x100Ω	±2%
Orange		3	3	x1kΩ	
Yellow		4	4	x10kΩ	
Green		5	5	x100kΩ	±0.5%
Blue		6	6	x1MΩ	±0.25%
Violet		7	7	x10MΩ	±0.10%
Grey		8	8	x100MΩ	±0.05%
White		9	9	x1GΩ	
Gold				x0.1Ω	±5%
Silver				x0.01Ω	±10%

Figure 11: Código de cor da resistência

Ao selecionar a resistência, é necessário verificar os seguintes parâmetros.

- Valor (medido em ohms) A relação entre a tensão (V), a corrente (I) e a resistência é descrita pela Lei de Ohm: V = I * R..
- A tolerância refere-se à variação admissível do valor da resistência em relação ao seu valor especificado ou nominal. É expressa como uma percentagem. Por exemplo, uma resistência com um valor nominal de 100 ohms e uma tolerância de ±5% significa que a resistência real pode situar-se entre 95 ohms e 105 ohms. O valor é (por exemplo, ±1%, ±2%, ±5%, ±10%, ±15%, etc.).
- Potência nominal (P) e tensão máxima de funcionamento (em volts): A potência nominal de um resistor indica a quantidade máxima de energia que ele pode dissipar sem sofrer danos. É normalmente medida em watts (W). A potência dissipada por um resistor pode ser calculada usando a fórmula: P = 1^{n} 2 * R ou P = V^{A} 2 / R, onde I é a corrente que flui através do resistor, V é a tensão através do resistor e R é a resistência.
- Coeficiente de temperatura (em ppm/°c) e Temperatura de funcionamento (em ± graus centígrados): O coeficiente de resistência à temperatura (TCR ou a) descreve a forma como a resistência de um material se altera com a temperatura. É expresso em partes por milhão por grau Celsius (ppm/°C). Algumas resistências são concebidas para terem uma resistência relativamente estável numa gama de temperaturas, enquanto outras podem apresentar variações mais significativas.
- Na maioria dos casos, o diâmetro do corpo em mm (utilizado em resistências de tipo axial) e o comprimento e diâmetro do cabo (utilizado em resistências de tipo axial) também desempenham

factores secundários. Passo do cabo (em mm) e rigidez dieléctrica (em volts).

4.7.1 A classificação principal dos resistentes

1. Resistência de carbono
2. Resistência de película metálica
3. Fio enrolado
4. Resistência dos semicondutores
5. Varistores

- As resistências de carbono são resistências muito utilizadas e de baixo custo, sendo constituídas por um elemento resistivo composto por carbono ou grafite finamente moídos ou por uma mistura de carbono e outros materiais, como a argila, como se mostra na Figura 15. O corpo da resistência é normalmente marcado com faixas coloridas que representam valores numéricos. Estas bandas ajudam os utilizadores a identificar o valor da resistência e a tolerância do resistor. Não é adequado para aplicações de alta frequência e é geralmente representado como CR.

Figure 12: Resistências de carbono

- As resistências de película metálica são de níquel-crómio (NiCr), como se mostra na Figura 13, depositadas num

e são utilizados para uma elevada precisão e estabilidade com uma tolerância de 1% a 5%.

Figure 13: Resistência de película metálica

- A resistência de fio enrolado e a resistência de semicondutor são fabricadas em embalagens revestidas de alumínio e a resistência de semicondutor é fabricada em silício ou germânio com tecnologia de película de molde de superfície, que é utilizada em circuitos integrados (CI) e é apresentada na figura 14.

Figura 14: Resistência do fio enrolado e do semicondutor

Os varistores são utilizados como resistências dependentes da tensão ou resistências sensíveis à tensão e o resistor é apresentado na Figura 15. Para além disso, estão disponíveis resistências SIP/DIL, resistências de derivação, etc.

em uso.

Figura 15: resistências variáveis

4.8 Condensador

Um condensador é um componente eletrónico que armazena e liberta energia eléctrica num campo elétrico. Consiste em duas placas condutoras separadas por um material isolante chamado dielétrico e são mostradas na Figura 16. Quando é aplicada uma tensão através das placas, é criado um campo elétrico e a carga eléctrica acumula-se nas placas. Entre os condensadores fixos e variáveis, os condensadores fixos são mais utilizados em aplicações robóticas. A maioria dos condensadores electrolíticos tem polaridade, mas os condensadores à base de cerâmica e mica não têm polaridade.

Figura 16: Condensador

Os parâmetros básicos do condensador são a capacitância, a tolerância, a temperatura de funcionamento, as dimensões, a corrente de fuga, os terminais, a classificação do condensador em função da capacitância e da tensão. Outros condensadores são apresentados na Tabela 4.

Tabela 4: Condensadores e seus tipos

N.º de	Condensador	Propriedades	Figura
1	Condensador eletrolítico	utiliza um eletrólito como uma das suas placas condutoras para obter uma maior capacitância em comparação com outros tipos de condensadores	
2	Condensador de cerâmica	materiais cerâmicos como substância dieléctrica (isolante) entre as suas placas condutoras	
3	Condensador de tântalo	Utilizando o metal tântalo como uma das suas placas. Estes são conhecidos pela sua elevada densidade de capacidade, desempenho estável e	
4	Condensador variável de corte	Valor de capacitância que pode ser ajustado ou "aparado" para afinar manualmente as características eléctricas de um circuito.	
5	Condensador de polipropileno	Condensador de película que utiliza polipropileno como material dielétrico.	
6	Poliéster Condensador	Condensador de película que utiliza poliéster (especificamente tereftalato de polietileno, PET) como material dielétrico	
7	Condensador de poliestireno	utiliza poliestireno como material dielétrico para aplicações de elevada precisão e estabilidade	

4.9 Díodos

Os díodos são dispositivos semicondutores que permitem que a corrente flua apenas numa direção, do ânodo para o cátodo. O tipo mais comum de díodo é o díodo semicondutor, que é tipicamente feito de materiais como o silício ou o germânio. Onde a energia eléctrica da resistência é eliminada sob a forma de calor nas junções, alterando o calor que se apresenta sob a forma de luz nos LED. Os LEDs emitem luz quando passam corrente, sendo que o LED IR emite radiação infravermelha, como mostra a Figura 17.

Figura 17: Semicondutor e díodo LED

- Os díodos rectificadores são concebidos para converter corrente alternada (CA) em corrente contínua (CC), como se mostra na Figura 18. O díodo retificador mais comum é o díodo de silício standard, que permite que a corrente flua apenas num sentido.

Figura 18: Díodos rectificadores

- Os díodos Zener são concebidos para funcionar na região de rutura inversa, mantendo uma tensão quase constante nos seus terminais, como se mostra na Figura 19. São frequentemente utilizados para regulação da tensão e proteção em circuitos electrónicos. Se a resistência de limitação de corrente não estiver corretamente ligada, provoca aquecimento.

Figura 19: Díodos Zener

- Os díodos Schottky têm uma menor queda de tensão direta em comparação com os díodos normais, o que os torna adequados para aplicações de alta frequência e comutação rápida.
- Os díodos varactor, também conhecidos como díodos varicap, são utilizados como condensadores controlados por tensão, como na figura 20. Encontram aplicações em circuitos de sintonização, loops de fase bloqueada e osciladores controlados por tensão.

Figura 20: Díodos varactor

- Os fotodíodos geram um fluxo de corrente quando expostos à luz, como mostra a Figura 21. São normalmente utilizados em sensores de luz, células solares e sistemas de comunicação ótica.

Figura 21: Os fotodíodos geram

- Os díodos túnel apresentam uma região de resistência negativa nas suas curvas características tensão-corrente, como se mostra na figura 22. São utilizados em osciladores e amplificadores de alta frequência.

Figura 22: Díodos de túnel

São díodos básicos formados pela combinação de semicondutores do tipo p e do tipo n. A junção entre estes materiais permite o fluxo de corrente apenas numa direção. Os díodos PIN têm uma camada semicondutora intrínseca (i), não dopada, ensanduichada entre as camadas tipo p e tipo n. São utilizados em aplicações de alta frequência e como comutadores de RF.

4.10 Relé

Um relé é um dispositivo elétrico de comutação de alta tensão ou de tensão alternada de baixa tensão com um dispositivo eletromagnético que funciona com base num campo magnético. É constituído por um conjunto de terminais de entrada para um sinal de controlo e um conjunto de terminais de saída. Quando o sinal de controlo é aplicado, o relé comuta os contactos para abrir ou fechar o circuito, permitindo ou interrompendo o fluxo de corrente, como mostra a Figura 23. Os componentes eléctricos de 220 V controlados por microcontroladores, ou seja, frigorífico, máquina de lavar roupa, automóvel, etc., funcionam com interruptores de relé.

Figura 23: Interruptor de relé

O relé tem um eletroíman, normalmente uma bobina de fio, que gera um campo magnético quando uma corrente eléctrica passa por ele. O relé tem um conjunto de contactos que são fisicamente abertos ou fechados pela ação electromagnética. Estes contactos são normalmente metálicos com duas entradas e uma saída e estão posicionados para estabelecer ou interromper uma ligação eléctrica. Quando o sinal de controlo é aplicado, a força electromagnética faz com que os contactos se movam, fechando ou abrindo o circuito. Esta ação é utilizada para controlar um circuito de maior potência com um sinal de menor potência.

4.11 Transístor

Um transístor é um dispositivo semicondutor que pode ser utilizado para amplificação, comutação, modulação de sinais e outras funções electrónicas. É um elemento fundamental dos circuitos electrónicos modernos e desempenha um papel crucial no domínio da eletrónica, pois tem uma eficiência muito elevada no controlo da corrente. Os transístores foram inventados no final dos anos 40 e, desde então, tornaram-se parte integrante da conceção de dispositivos electrónicos. Aplicam uma pequena tensão como entrada a um dos três condutores e controlam a corrente nos outros dois. Existem dois tipos principais de transístores: os transístores bipolares de junção (BJT) e os transístores de efeito de campo (FET).

Os transístores de junção bipolar (BJT), como se mostra na Figura 24, têm três camadas de material semicondutor: o emissor, a base e o coletor. Os dois tipos de BJT são NPN (Negativo-Positivo-Negativo) e PNP (Positivo-Negativo-Positivo). A corrente que flui entre os terminais do coletor e do emissor é controlada pela corrente que flui para o terminal da base.

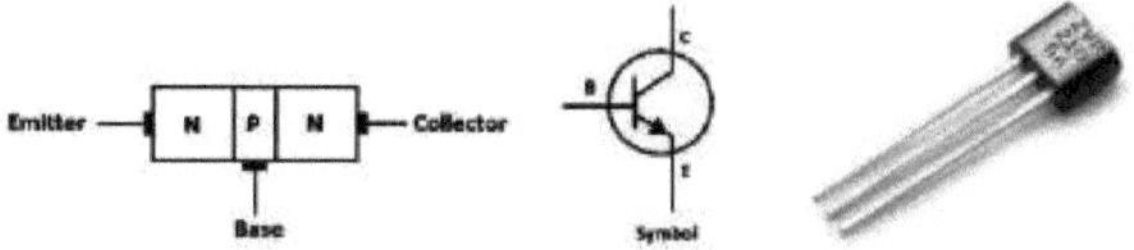

Figura 24: Transístores de junção bipolar (BJTs) e respetivo circuito

Transístores de efeito de campo (FET), como se mostra na figura 25, que também têm três terminais: o fonte, porta e dreno. Os principais tipos de FETs são os FETs de semicondutores de óxido metálico (MOSFETs)

e FETs de junção (JFETs). Os FETs controlam o fluxo de corrente entre os terminais da fonte e do dreno

aplicando uma tensão ao terminal da porta.

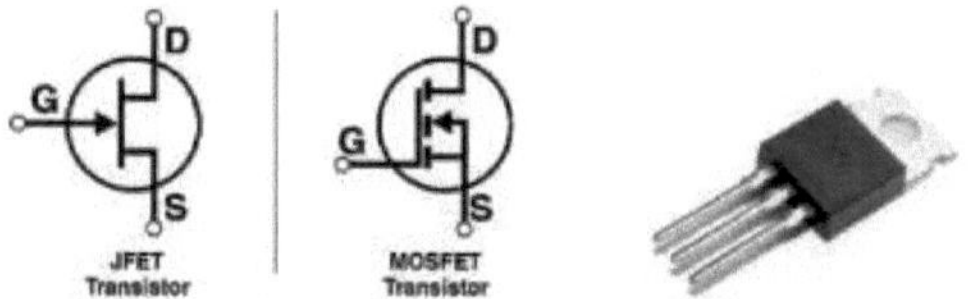

Figura 25: Transístores de efeito de campo (FET) e respetivo circuito

Os transístores podem amplificar sinais fracos, tornando-os mais fortes. Esta é uma função fundamental em amplificadores de áudio, receptores de rádio e outras aplicações de processamento de sinais. Os transístores podem atuar como interruptores electrónicos, permitindo ou bloqueando o fluxo de corrente num circuito. Isto é crucial na eletrónica digital, onde os transístores são utilizados para representar valores binários (0 ou 1). Os transístores são utilizados na modulação de sinais para fins de comunicação, como nos circuitos de modulação de amplitude (AM) e de modulação de frequência (FM). Nos circuitos digitais, os transístores são combinados para criar portas lógicas, os blocos de construção da computação digital e da memória.

4.12 Sensores

Os sensores são dispositivos ou instrumentos que detectam e medem propriedades físicas, condições ambientais, alterações no meio envolvente ou outros tipos de entrada e convertem esta informação em sinais que podem ser interpretados, visualizados ou utilizados para fins de controlo e circulados como se mostra na Figura 26. Os sensores são componentes cruciais numa grande variedade de aplicações, desde sistemas industriais e automóveis a eletrónica de consumo e dispositivos médicos. Eis alguns tipos comuns de sensores e as suas aplicações. Existem diferentes tipos de sensores disponíveis no mercado, alguns dos quais são básicos e são apresentados na Tabela 5.

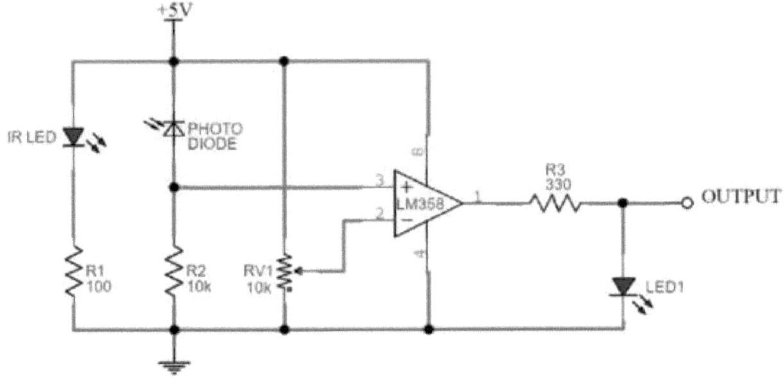

Figura 26: Circuito do sensor de IR

Quadro 5: Classificação dos sensores

N.º de identificação	**Sensores**	**Funções**	**Figura**
1	Temperatura Sensores	Sistemas de controlo climático, monitorização meteorológica, processos industriais, dispositivos de saúde.	
2	Sensores de pressão	Sistemas automóveis, automação industrial, dispositivos médicos, previsão meteorológica.	
3	Sensores de proximidade	Ecrãs tácteis, deteção de objectos em robótica, dispositivos móveis, elevadores.	

4	Sensores de movimento	Controladores de jogos, sistemas de segurança, smartphones, sistemas de segurança automóvel	
5	Sensores de luz (fotodetectores)	Controlo automático da iluminação, câmaras, painéis solares, regulação da luminosidade do ecrã.	
6	Sensores de humidade	Sistemas HVAC, monitorização meteorológica, agricultura, transformação de alimentos.	
7	Sensores de gás	Monitorização ambiental, segurança industrial, deteção de fugas de gás.	
8	Acelerómetros e sensores de giroscópio	Deteção de movimento em smartphones, rastreadores de fitness, sistemas de segurança automóvel. Estabilização de imagem em câmaras, sistemas de navegação, dispositivos de realidade virtual.	
9	Sensores magnéticos	Bússolas, sistemas de navegação, aplicações no sector automóvel.	
10	Sensores de som (microfones)	Dispositivos de gravação áudio, sistemas de reconhecimento de voz, monitorização do ruído.	

11	Biometria Sensores	Scanners de impressões digitais, sistemas de reconhecimento facial, scanners de íris.	
12	IR (Infravermelhos) Sensores	Deteção de objectos, câmaras de visão nocturna, controlos remotos.	
13	Sensores de força	Automação industrial, dispositivos sensíveis ao tato, robótica.	
14	Sensores de imagem	Câmaras, imagiologia médica, sistemas de vigilância.	

4.13 Foto-transístor

Um fototransístor é um tipo de transístor sensível à luz. Foi concebido para funcionar de forma semelhante a um transístor de junção bipolar (BJT) normal, mas com a adição de uma cobertura ou janela transparente que permite que a luz atinja a junção base-coletor. Esta exposição à luz permite que o fototransístor responda a sinais ópticos e os converta em sinais eléctricos. Tal como um transístor de junção bipolar (BJT) normal, um fototransístor é constituído por três camadas - emissor, base e coletor. No entanto, a região da base é normalmente maior e mais sensível à luz. O transístor pode

podem ser NPN (negativo-positivo-negativo) ou PNP (positivo-negativo-positivo), dependendo da disposição dos materiais semicondutores e o funcionamento é mostrado na Figura 27.

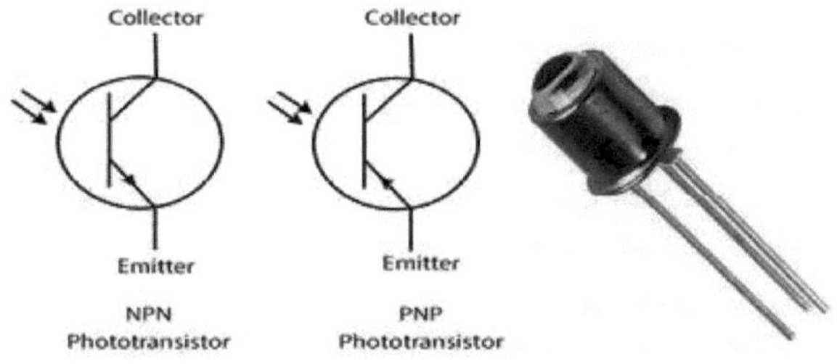

Figura 27: Transístor NPN e PNP e respectiva imagem

Quando a luz incide na região da base, gera pares eletrão-buraco. A corrente induzida pela luz através da junção base-coletor permite que o fototransístor conduza, resultando numa corrente de saída amplificada. Isto faz com que o fototransístor actue como um interrutor ou amplificador sensível à luz. Os fototransístores oferecem sensibilidade à luz, o que os torna adequados para aplicações que requerem deteção de luz. Proporcionam amplificação, o que pode ser benéfico em determinadas aplicações.

4.14 Medições de distância

- Medições de distâncias utilizando várias tecnologias e princípios As distâncias são medidas são apresentados no Quadro 6.

Tabela 6: Configuração e tipos de medição de distâncias

Sl. Não	Sensores e dispositivos	Princípio	Aplicação	Figura
1	Ultrassónico Sensores	Os sensores ultra-sónicos utilizam ondas ultra-sónicas para medir a distância. O sensor emite impulsos ultra-sónicos e o tempo que o impulso demora a voltar depois de atingir um objeto é utilizado para calcular a distância distância	Deteção de objectos, assistência ao estacionamento, automatização industrial.	

2	Laser Distância Sensores	Os sensores de distância laser utilizam feixes laser para medir a distância. Estes sensores utilizam frequentemente métodos de tempo de voo ou de triangulação.	Automação industrial, robótica, construção, digitalização 3D.	
3	Tempo de Sensores de voo (ToF)	Os sensores ToF medem o tempo que a luz ou o som demoram a viajar até ao objeto e a regressar. Os sensores ToF baseados em luz utilizam lasers ou LEDs.	Imagem 3D, reconhecimento de gestos, robótica.	
4	Identificação por radiofrequência (RFID)	Os sistemas RFID utilizam campos electromagnéticos para identificar e seguir objectos. A intensidade do sinal pode ser utilizada para estimar a distância.	Acompanhamento de inventário, controlo de acesso, logística.	

4.15 Motores

Os motores são componentes essenciais nos sistemas robóticos, fornecendo a força mecânica necessária para o movimento e o controlo. Existem vários tipos de motores utilizados em robótica, cada um com as suas próprias características e adequação a diferentes aplicações. Alguns tipos comuns de motores utilizados em robótica

4.15.1 Motores CA

Os motores assíncronos de corrente alternada (motores de indução) são normalmente utilizados na robótica industrial e o motor é apresentado na Figura 28. São conhecidos pela sua fiabilidade e simplicidade. No entanto, podem não fornecer o mesmo nível de precisão que alguns outros tipos de motores.

Figura 28: Motores CA

4.15.2 Motores de corrente contínua

Estes motores de corrente contínua com escovas têm uma bobina de fio rotativa, conhecida como armadura, que está ligada a um comutador e a escovas, como se mostra na Figura 29. As escovas fornecem corrente eléctrica à armadura, fazendo-a rodar. Os motores CC com escovas são simples e muito utilizados, mas podem necessitar de manutenção devido ao desgaste das escovas.

Figura 29: Motores CC

4.15.3 Motores CC sem escovas (BLDC)

Os motores DC sem escovas (BLDC) eliminam a necessidade de escovas e comentadores, melhorando a fiabilidade e reduzindo a manutenção e o motor é apresentado na Figura 30. São frequentemente utilizados em aplicações em que a eficiência e a precisão são cruciais.

Figura 30: Motores CC sem escovas (BLDC)

4.15.4. Servomotores

Os servomotores são um tipo de motor de corrente contínua, mas são concebidos para um controlo preciso da posição e da velocidade. O motor é apresentado na Figura 31. Normalmente, incorporam um mecanismo de feedback, como um codificador, para fornecer informações sobre a posição atual do motor. Os servomotores são normalmente utilizados em robótica para tarefas que exigem precisão, como braços robóticos e drones.

Figura 31: Servo-motores

4.15.5 Motores passo a passo

Os motores passo a passo movem-se em passos discretos, o que os torna adequados para aplicações em que é necessário um controlo preciso da rotação e o motor é apresentado na Figura 32. São amplamente utilizados em robótica para tarefas como o posicionamento e o controlo de juntas robóticas.

Figura 32: Motores de passo

4.15.5.1 Controladores de motores passo a passo

Os controladores de motor passo a passo são circuitos integrados especializados concebidos para controlar o movimento dos motores passo a passo. Os motores de passo movem-se em passos discretos e um controlador de motor de passo assegura um controlo preciso desses passos. Os circuitos integrados populares de controlo de motores de passo incluem o A4988, o DRV8825 e o L298N, entre outros, que são apresentados na Figura 33. Estes dispositivos foram concebidos para interagir com microcontroladores e controlar o movimento de motores de passo de forma eficiente, em vez deste

dric=ves, registo de deslocamento universal bidirecional de 4 bits com capacidades de E/S paralelas 74194 também utilizado na maioria das aplicações

Figura 32: 74194, DRV8825 e driver de motor de passo L298N

4.15.6 Motores lineares

Os motores lineares fornecem movimento em linha reta em vez de movimento rotativo - este motor é apresentado na Figura 33. São utilizados em aplicações onde é necessário um movimento linear, como em

sistemas de transporte e certos tipos de actuadores robóticos.

Figura 33: Motores lineares

4.15.7 Motores piezoeléctricos

Os motores piezoeléctricos utilizam o efeito piezoelétrico para gerar movimento, como se mostra na Figura 34. Estes motores são conhecidos pela sua elevada precisão, mas são normalmente utilizados em aplicações em que é suficiente uma força reduzida e pequenas deslocações.

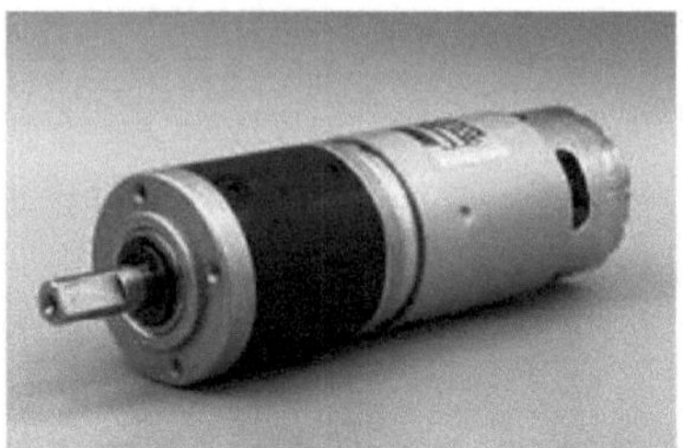

Figura 34: Motores piezoeléctricos

4.16 Motorista

Um controlador de motor, também conhecido como controlador de motor, é um dispositivo ou um conjunto de dispositivos que controlam a velocidade, a direção e outros parâmetros de um motor elétrico. No contexto da robótica, os controladores de motor são componentes cruciais para controlar o movimento dos sistemas robóticos. Fazem a ponte entre o sistema de controlo eletrónico (como um microcontrolador ou um computador) e o motor elétrico, assegurando um funcionamento preciso e eficiente do motor.

Os seguintes factores devem ser considerados ao selecionar os condutores de automóveis

- Controlo de velocidade
- Controlo de direção
- Controlo de posição
- Tipos de motores suportados
- Interfaces de controlo
- Configuração da ponte H
- PWM (Modulação da largura de pulso)
- Proteção contra sobreintensidade e sobretemperatura
- Valores nominais de tensão e corrente
- Protocolos de comunicação

4.16.1 L293D

O L293D é um circuito integrado (CI) popular que é normalmente utilizado como controlador de motor para controlar a direção e a velocidade de motores DC, como na figura 35. É muito utilizado em vários projectos de robótica e eletrónica.

Figura 35: Placa de acionamento L293D

4.16.2 L298

Tal como o L293D, o L298 é um controlador de motor de ponte H como na Figura 36, mas tem algumas diferenças em termos de especificações e capacidades.

Figura 36: Placa de acionamento L298

4.17 IC'S digitais em robótica

Os circuitos integrados digitais (CIs) desempenham um papel crucial na robótica, fornecendo as funções necessárias de lógica, processamento e controlo. A escolha dos CIs digitais depende dos requisitos específicos do projeto, incluindo a capacidade de processamento, a integração de sensores, as necessidades de comunicação e a lógica de controlo.

4.17.1 Microcontroladores e microprocessadores

- As placas Arduino estão equipadas com microcontroladores (por exemplo, série ATmega) como na Figura 37.

Constituem uma plataforma versátil e de fácil utilização para o desenvolvimento de projectos robóticos.

Figura 37: Placas Arduino

- As placas Raspberry Pi possuem microprocessadores (por exemplo, série ARM Cortex-A) como na Figura 38.

Oferecem mais poder computacional e podem executar sistemas operativos completos, o que os torna adequado para aplicações robóticas complexas.

Figura 38: Placas Raspberry Pi

4.17.2 CIs de interface de sensores

- ADC (Conversor Analógico-Digital) IC como o MCP3008, como na Figura 39, permite microcontroladores para interagir com sensores analógicos, convertendo sinais analógicos em dados digitais.

Figura 39: IC ADC (Conversor Analógico-Digital)

- ICs IMU (Unidade de Medição Inercial) ICs como o MPU-6050, como na Figura 40, fornecem acelerómetros e giroscópios para medir a orientação e o movimento.

Figura 40: CIs da IMU (Unidade de Medição Inercial)

4.17.3 CIs de comunicação

- Módulos Bluetooth e Wi-Fi ICs como o HC-05 (Bluetooth) e ESP8266 (Wi-Fi) como em

A Figura 41 permite a comunicação sem fios entre os robots e os dispositivos externos.

Figura 41: ICs dos módulos Bluetooth e Wi-Fi

- NRF24L01, como na figura 42, este CI é normalmente utilizado para comunicações sem fios em robótica,

especialmente em projectos de pequena escala.

Figura 42: NRF24L01

4.17.4 CIs de memória

- EEPROM (Electrically Erasable Programmable Read-Only Memory) como na Figura 43 e estes ICs, como o 24LC256, fornecem armazenamento de memória não volátil para dados que precisam de ser mantidos mesmo quando a alimentação é desligada.

Figura 43: EEPROM (Electrically Erasable Programmable Read-Only Memory)

4.17.5 Portas lógicas e flip-flops

- Portas lógicas da série 74 (por exemplo, 7400), como na figura 44, embora estes CI forneçam a lógica básica

(AND, OR, NOT) e são utilizadas em vários circuitos de controlo e de tomada de decisões.

Figura 44: Portas lógicas da série 74

- D Flip-Flops (por exemplo, 7474) Estes circuitos integrados são utilizados para armazenar e sincronizar dados binários, normalmente utilizados em circuitos lógicos de controlo e sequenciais.

4.17.6 Dispositivos lógicos programáveis (PLD)

- FPGAs (Field-Programmable Gate Arrays) embora mais avançados, os FPGAs oferecem blocos lógicos programáveis e interligações, permitindo a implementação de circuitos digitais personalizados. São utilizados em sistemas robóticos de elevado desempenho.

4.17.7 CIs de relógio em tempo real (RTC)

- DS1307, como na Figura 45, mostra que os ICs RTC fornecem informações exactas sobre a hora dos robôs

que requerem operações baseadas no tempo.

Figura 45: ICs RTC DS1307

4.18 Comparador

Amplificador operacional (op-amp) que é amplamente utilizado em circuitos electrónicos para várias aplicações, incluindo amplificação de tensão, condicionamento de sinal e como comparador de tensão.

4.18.1 Comparador LM358

O IC LM358 contém dois amplificadores operacionais independentes, de alto ganho e com compensação de frequência interna. Tipicamente, o LM358 pode funcionar com uma única tensão de alimentação que varia de 3V a 32V, conforme a Figura 46.

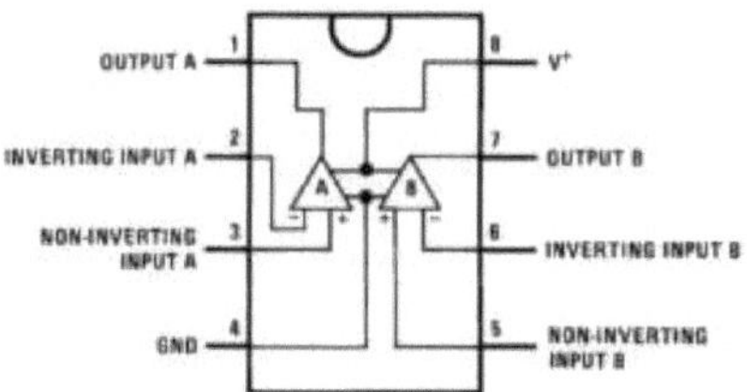

Figura 46: Circuito do comparador LM358

4.18.2 Comparador LM324

O LM324 é um amplificador operacional quádruplo, o que significa que contém quatro amplificadores operacionais independentes num único pacote IC. Semelhante ao LM358, o LM324 tem uma faixa de tensão de entrada de modo comum que inclui o potencial de terra.

4.19 Temporizador

O temporizador é um circuito integrado (CI) popular que funciona como um temporizador versátil ou gerador de impulsos. É amplamente utilizado em circuitos electrónicos para várias aplicações de temporização. Eis algumas das principais características do circuito integrado temporizador NE555, como na Figura 47

O NE555 pode operar em três modos diferentes: monoestável, astável e biestável. O NE555 foi projetado para baixo consumo de energia, tornando-o adequado para aplicações alimentadas por bateria. Os componentes de temporização para o NE555 são geralmente resistências e condensadores externos, proporcionando flexibilidade na definição dos atrasos de tempo e frequências desejados.

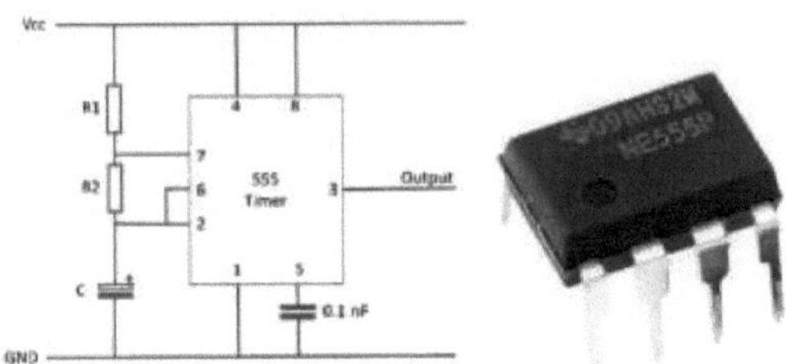

Figura 47: CI do temporizador NE555

4.20 Conjunto de transístores Darlington

IC de matriz de transístores Darlington, concebido para aplicações de comutação de alta corrente e alta tensão, entre as quais o ULN2003 é normalmente utilizado. É particularmente útil para acionar cargas indutivas, como relés, solenóides e motores de passo. O ULN2003 contém sete pares de transístores Darlington, o que o torna adequado para aplicações em que são necessárias várias saídas. Cada par Darlington é composto por dois transístores NPN.

Os pares Darlington partilham uma ligação de emissor comum, simplificando a ligação a uma referência de terra comum, como na Figura 48. O CI inclui díodos ligados através das junções coletor-emissor de cada transístor para suprimir a força eletromotriz de retorno (EMF)
gerados por cargas indutivas, aumentando a fiabilidade do circuito.

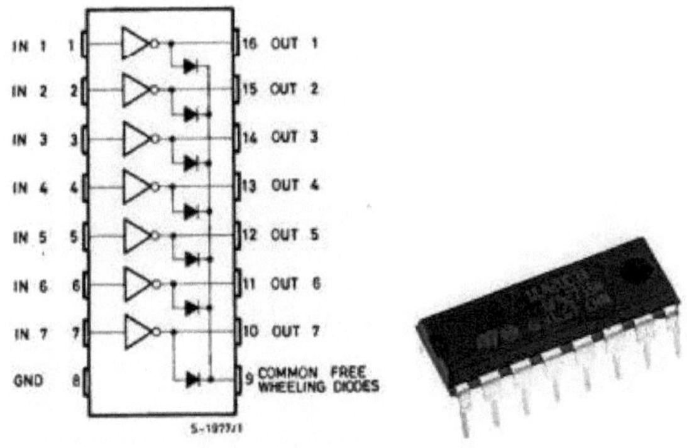

Figura 48: Conjunto de transístores Darlington ULN2003 e respetivo circuito

4.21 Dispositivos sem fios HT12D e HT12E

O HT12D e o HT12E são um par de ICs codificadores e descodificadores concebidos para comunicação sem fios em aplicações de controlo remoto. São normalmente utilizados para transmitir e receber dados sem fios entre dispositivos, tais como controlos remotos, sistemas de segurança e sistemas simples de comunicação sem fios.

HT12E - Codificador

O codificador HT12E possui um conjunto de linhas de endereço (AD8-AD11) e linhas de dados (D8-D11) que são utilizadas para definir o endereço do dispositivo e os bits de dados. O codificador permite 8 bits de código de endereço, fornecendo 256 endereços possíveis para diferenciação entre vários dispositivos na mesma vizinhança. O pino TE (Transmit Enable) é usado para habilitar a transmissão de dados quando é puxado para baixo, como na Figura 49.

HT12D - Descodificador

Tal como o HT12E, o HT12D tem linhas de endereço (A0-A7) e linhas de dados (D8-D11) para definir

os bits de endereço e de dados. Pode ser configurado para reconhecer o mesmo código de endereço de 8 bits utilizado pelo codificador HT12E correspondente. Semelhante ao HT12E, o HT12D requer resistências externas e um condensador para o seu oscilador interno, como na Figura 49.

Figura 49: HT12E - Codificador e HT12D - Descodificador

CAPÍTULO V

APLICAÇÕES DA ROBÓTICA

5. Aplicações da robótica

A robótica tem uma vasta gama de aplicações em várias indústrias e domínios. Eis algumas aplicações notáveis da robótica:

- **Fabrico e montagem:** Os robôs industriais são amplamente utilizados no fabrico processos, incluindo linhas de montagem, soldadura, pintura e embalagem. Podem efetuar tarefas repetitivas com precisão e rapidez, melhorando a eficiência e reduzindo os erros.

Figura 50: Robô industrial numa linha de montagem de fabrico

- **Cuidados de saúde:** Os robôs são utilizados nos cuidados de saúde para tarefas como a cirurgia, a reabilitação e a assistência aos doentes. Os robôs cirúrgicos, por exemplo, podem ajudar os cirurgiões a efetuar procedimentos minimamente invasivos com maior precisão.
- **Agricultura:** Os robôs agrícolas, conhecidos como agribots, são utilizados para tarefas como a plantação, a colheita e a monitorização das culturas. Os drones equipados com sensores e câmaras também podem ser utilizados para monitorizar e pulverizar as culturas.

Figura 51: Drones robóticos no processo de pulverização de fertilizantes

- **Exploração espacial:** Os robots e os rovers são essenciais na exploração espacial, onde podem executam tarefas em ambientes demasiado perigosos para os humanos. Exemplos incluem os rovers de Marte como Curiosidade e Perseverança.

Figura 52: Rovers noutros planetas

- **Busca e salvamento:** Os robôs equipados com sensores e câmaras podem ser utilizados em operações de busca e salvamento em zonas afectadas por catástrofes. Podem navegar em terrenos difíceis e localizar sobreviventes.

Figura 53: Robots em operação de salvamento

- **Educação:** Os robôs educativos são utilizados para ensinar competências de programação, engenharia e resolução de problemas aos alunos. Proporcionam uma forma prática e interactiva de os alunos compreenderem conceitos de ciência, tecnologia, engenharia e matemática (STEM).
- **Entretenimento:** Os robôs são utilizados para fins de entretenimento em parques temáticos, exposições e eventos. Podem executar tarefas como contar histórias, dançar e interagir com o público
- **Militar e Defesa:** Os veículos aéreos não tripulados (UAV), os drones e os robots de eliminação de bombas são utilizados em aplicações militares para reconhecimento, vigilância e tarefas perigosas.

Figura 54: Avanço de drones em operações militares

- **Monitorização ambiental:** Os robôs equipados com sensores podem ser utilizados para monitorizar o ambiente

monitorização, como a medição da qualidade do ar e da água, a recolha de dados sobre a vida selvagem e o estudo

ecossistemas.

Figura 55: Vigilância ambiental subaquática

- **Construção:** Os robôs de construção podem ajudar em tarefas como alvenaria, soldadura e escavação. Podem aumentar a eficiência e a segurança nos estaleiros de construção.
- **Assistência doméstica e pessoal:** Os robôs domésticos, incluindo aspiradores robóticos e robôs assistentes pessoais, estão a tornar-se mais comuns nos lares. Podem realizar tarefas como limpeza, monitorização e companhia.

REFERÊNCIAS

[1] John J. Craig, "Introduction for robotics- Mechanics and Control" USA Stanford , 2005.

[2] Paul E. Sandin , "Robot Mechanisms and Mechanical Devices" The McGraw-Hill Companies USA, 2003.

[3] Mordechai Ben-Ari & Francesco Mondada, "Elements of Robotics" Springer International Publishing, 2017.

[4] Kevin M. Lynch & Frank C. Park, "Modern Robotics- Mechanics, Planning, and Control" Cambridge University Press, 2017.

[5] George A. Bekey, "Robotics- State of the Art and Future Challenges" Imperial College Press, 2008.

[6] John Iovine , "PIC Robotics: A Beginner's Guide to Robotics Projects Using the PIC Micro" McGraw Hill LLC, 2001.

[7] Roger Arrick, Nancy Stevenson , Robot Building For Dummies" Wiley, 2011.

Printed by Books on Demand GmbH, Norderstedt / Germany